Stakeholder-Management und Anforderungserhebung. Einführung einer Prozessmanagement-Software in einer Fallstudie

Julian Winter

Bibliografische Information der Deutschen Nationalbibliothek:

Die Deutsche Nationalbibliothek verzeichnet diese Publikation in der Deutschen Nationalbibliografie; detaillierte bibliografische Daten sind im Internet über http://dnb.d-nb.de abrufbar.

ISBN: 9783346741103
Dieses Buch ist auch als E-Book erhältlich.

Name: Julian Winter

Assignment im Modul
RER81 Requirements Engineering und
Risikomanagement

Fallstudie Stakeholder-Management und Anforderungserhebung

Fallstudie-IT-Projekt: Einführung einer Prozessmanagement-Software

Goslar, 28.10.2021

Inhaltsverzeichnis

Einleitung

Anforderungsmanagement, auch als Requirements Engineering bezeichnet, ist ein großer Bestandteil im Bereich einer Systementwicklung. Besonders die steigende Komplexität der zu entwickelnden Systeme in der heutigen Zeit führt zu großen Projekten. In diesen ist ein professioneller Umgang mit Anforderungen und Stakeholdern im Projekt zu empfehlen, dies kann zu einem verbesserten Projekterfolg beitragen oder dabei helfen Fehler zu vermeiden. Damit das Anforderungsmanagement erfolgreich umgesetzt werden kann, stehen verschiedene Methoden und Werkzeuge zur Verfügung, diese müssen projektabhängig sinnvoll eingesetzt werden. Wenn das Requirements Engineering Transparenz und Klarheit in die verschiedenen Phasen des Projekts bringt und das Verständnis z. B. zwischen Kunden und Entwicklern angleicht, so sinkt die Gefahr am Ende ein falsches System auszuliefern.

In diesem Assignment wird aufbauend auf der o. g. Relevanz des Themas der Bereich Stakeholder-Management und Anforderungserhebung im Umfeld des Requirement Engineerings betrachtet. Hierfür wird im dritten und vierten Kapitel nach der allgemeinen Einführung in das jeweilige Thema aus der Literatur eine Anwendung der Theorie auf die Fallstudie durchgeführt. So wird ein praktischer Bezug hergestellt.

Die Fallstudie wird im ersten Teil dieser Arbeit vorgestellt. Danach steht eine allgemeine Beschreibung des Requirements Engineering bzw. Requirements Management im Fokus. Das dritte Kapitel beschäftigt sich mit der Rolle der Stakeholder im Anforderungsmanagement und zeigt eine tabellarische Übersicht der möglichen internen und externen Anspruchsgruppen im Rahmen der Fallstudie. Zur praktischen Anwendung werden beispielhaft zwei Ziele von Stakeholdern für die beschriebene Fallstudie nach SMART-Kriterien formuliert. Das darauffolgende Kapitel des Assignments beschäftigt sich mit Erhebung von Requirements. Dabei werden zuerst Erhebungsmethoden aus der Literatur beschrieben und danach eine Formulierung von Requirements mittels Sprachschablone in den Mittelpunkt gerückt. Weiterhin werden im Anschluss die Basis-, Leistungs- und Begeisterungsfaktoren der Kano-Klassifizierung vorgestellt. Der Abschnitt 4.4 hat einen starken Bezug zur Fallstudie, denn hier werden fünf denkbare Anforderungen im Rahmen der Fallstudie präsentiert. Für jede der fünf Anforderungen werden mögliche Erhebungsmethoden diskutiert und eine beispielhafte Kategorisierung nach Kano-Kategorien vorgenommen. Der letzte Teil dieser Arbeit fasst die zuvor erarbeiteten Ergebnisse zusammen und mit einem Ausblick wird das Assignment abgeschlossen.

Zur sprachlichen Darstellung folgt an dieser Stelle der Hinweis:
Um eine bessere Lesbarkeit zu gewährleisten, wurde im Text auf die geschlechtsbezogene Formulierung verzichtet. Es sind selbstverständlich immer alle Geschlechter gemeint, obwohl nur eines der Geschlechter angesprochen wird.

1 Fallstudie

Die Fallstudie geht von einem mittelständischen, produzierendem Unternehmen aus, welches sich im Bereich Prozessmanagement verbessern will und daher zur Modellierung, Verwaltung und Verknüpfung von Geschäftsprozessen zukünftig eine professionelle Prozessmanagement-Software nutzen möchte und daher das Projekt „Einführung einer Prozessmanagement-Software" aufgesetzt hat. Vor der Einführung der Software wurden die Prozesse formlos mit unterschiedlichen Programmen entweder schriftlich oder mit nicht festgelegten Notationen niedergeschrieben. Ziel des Unternehmens ist es durch die Einführung eine einheitliche und durchgängige Beschreibung der relevanten Prozesse für die verschiedenen Geschäftstätigkeiten einzuführen und damit einen Beitrag zum Geschäftserfolg zu generieren. Der Anbieter der Prozessmanagement-Software sollte die Möglichkeit eines zugeschnittenen Customizings, ein Schulungskonzept und eine Betreuung während der Nutzung anbieten. Besonders Teile des Projektanfangs der Fallstudie werden in diesem Assignment durch die Stakeholder-Analyse, die Anforderungserhebung und die Formulierung sowie Klassifizierung von Anforderungen betrachtet.

2 Was sind Requirements Engineering und Requirements Management?

Das Requirements Engineering beinhaltet alle Handlungen, die sich in der Produkt- oder Prozessentwicklung mit der Erhebung, der Analyse, dem Verständnis und der Dokumentation von Anforderungen auseinandersetzen. Auch die Tätigkeiten rund um die

Anforderungsvalidierung und -verifizierung, sowie die Klärung von Inkonsistenzen, zählen zu den Aufgaben des Requirements Engineerings. Eng verzahnt dazu existiert dazu das Requirements Management, hier steht die Verwaltung der Anforderungen im Fokus. Dazu gehören Tätigkeiten die sich mit der Bereitstellung von Anforderungen für alle relevanten Stakeholder, dem Änderungs- oder Konfigurationsmanagement für Requirements oder mit dem Tracking offener Punkte bzw. Steuern der Anforderungsentwicklung auseinandersetzen. Außerdem sollte im Rahmen des Requirements Management die Verfolgbarkeit durch die Verknüpfung zwischen den Anforderungen und zwischen Projektanforderungen und Projektereignissen gewährleistet werden.[1]

3 Stakeholder im Requirements Engineering und deren Ziele

Im Bereich der System- oder Produktentwicklung ist es wichtig die richtigen Personen in den richtigen Projektphasen in den Mittelpunkt zu stellen und diese gezielt mit den benötigten Themen zu betrauen. Als Stakeholder werden alle Personen oder auch Institutionen bezeichnet, die im Rahmen der Entwicklung und in der Nutzungsphase bzw. im Betrieb betroffen sind. Es können also beispielsweise Nutzer oder Betreiber eines Systems oder Produkts sein, aber auch Entwickler, Tester, Architekten oder Auftraggeber. Die Stakeholder stellen Wünsche und Bedürfnisse an das System oder Produkt. Daraus lassen sich Anforderungen, Ziele oder Randbedingungen ableiten. Dies erweist sich in den Projektphasen als eine wertvolle Informationsquelle.[2] Daher kann frühzeitige Ermittlung und der gezielte Einsatz der Stakeholder einen wichtigen Beitrag zum Projekterfolg liefern.

3.1 Stakeholder-Analyse

Um die Stakeholder für ein Projekt erfolgreich zu identifizieren, sich deren Interessen bewusst zu machen und somit eine Grundlage für die Anforderungsermittlung zu schaffen ist die Stakeholder-Analyse ein geeignetes Mittel.
Die Stakeholder-Analyse kann in drei globale Schritte unterteilt werden. Anfangs müssen alle benötigten Daten erhoben werden, um diese im zweiten Schritt zu analysieren. Am Ende kann eine Strategie für den Umgang mit den Stakeholdern entwickelt werden,

---

[1] Vgl. Herrmann und Knauss, 2013, S. 9f.
[2] Vgl. Rupp, 2014, S. 79.

die auf den zuvor durchgeführten Schritten basiert.[3] In diesem Kapitel wird sich ausschließlich die Identifikation der Stakeholder und die Auseinandersetzung mit deren Zielen und Interessen, auch im Hinblick die Fallstudie konzentriert.

Die erste Identifikation von Stakeholdern ist mit einer simplen Sammlung möglich. Hierfür stehen vielfältige Methoden, wie z. B. die Befragung von Experten durch Interviews, Kreativtechniken oder die Abarbeitung von Checklisten zur Verfügung. Eine erste Kategorisierung der gesammelten Stakeholder kann an dieser Stelle Sinn ergeben. So ist es üblich z. B. nach internen und externen Stakeholdern abzugrenzen oder eine Teilung in öffentliche und private Anspruchsgruppen vorzunehmen.[4] Auch eine Unterteilung in aktive und passive Stakeholder wird häufig praktiziert. Hierbei sind aktive Stakeholder direkt vom Projekt betroffen oder arbeiten aktiv mit (z. B. Kunden, Lieferanten oder auch die Projekt-Teammitglieder). Wohingegen passive Stakeholder indirekt im Laufe der Projektdurchführung durch die Auswirkungen des Projekts betroffen sind und dadurch Anforderungen an das Projekt stellen (z. B. Gesetzgeber oder ein Qualitätssicherer).[5] Um die Ergebnisse der Identifikation zu visualisieren bieten sich tabellarische Darstellungen oder Beziehungsdiagramme an. In Beziehungsdiagrammen lassen sich Beeinflussungen oder gegenseitige Abhängigkeiten zwischen den Stakeholdern charakterisieren.

Im nächsten Schritt, der Zielidentifikation für die gesammelten Stakeholder, ist eine Ermittlung der Interessen gegenüber dem Projekt notwendig. Diese leiten sich aus den allgemeinen Bedürfnissen und Erwartungen im Umgang mit dem zu entwickelnden Produkt oder Prozess ab. Hierbei können die Ziele der Stakeholder mit den einzelnen Projektzielen opponieren oder diese unterstützen. Ein Abgleich der Zielsetzungen zwischen Projekt und Stakeholder, wie auch eine Gewichtung der Ziele kann daher an dieser Stelle ein sinnvolles Mittel um einen späteren Umgang mit den Stakeholdern vorzubereiten. Bei der Ermittlung der Interessen ist es wichtig keinen Stakeholder auszulassen und hierfür eine Systematik zu entwickeln. Mögliche Methoden sind Datenerhebungen durch Selbstauskünfte im Rahmen von Primärforschung, durchgeführt durch Projektmitgliedern, oder Recherchen über die Sekundärforschung. Auch Schätzungen können ein

---

[3] Vgl. Krips, 2017, S. 11.
[4] Vgl. Krips, 2017, S. 13.
[5] Vgl. Niebisch, 2013, S. 64ff.

adäquates Mittel sein, um Stakeholder zu ermitteln. In der letzten Phase der Datener-
mittlung ist eine Identifizierung weiterer relevanter Merkmale der Stakeholder zu empfehlen. Dadurch kann die Bedeutung der jeweiligen Stakeholder im Projekt festgelegt
werden. Die Eigenschaften Macht, Dringlichkeit oder Legitimität der verschiedenen Stakeholder können einen Indikator für den Projekteinfluss darstellen. Eine Visualisierung
der Stakeholdereigenschaften kann z. B. über Tabellen oder Mengendiagramme abge-
bildet werden.[6]

3.2 Identifikation der Stakeholder inkl. Interessen in der Fallstudie

In diesem Abschnitt des Assignments werden für die oben beschriebene Fallstudie Stakeholder gesammelt und in einer Tabelle zusammengefasst. In der tabellarischen Übersicht wurde zudem eine Kategorisierung der gesammelten Stakeholder nach den Krite-
rien intern/extern sowie aktiv/passiv vorgenommen. Die Unterscheidung wurde im vor-
herigen Kapitel 3.1 beschrieben. Außerdem ist die Funktion des Stakeholders kurz beschrieben und mögliche Zielsetzungen und Interessen, die durch das Projekt verfolgt
werden könnten aufgeführt.

Im zweiten Schritt werden beispielhaft für zwei verschiedene Stakeholder Zielsetzungen
nach SMART formuliert.

Stakeholder	Funktion	Kategorisierung (intern/extern; aktiv/passiv)	Interessen/Ziele
Qualitäts- und Prozessmanagement	Begleitet die Einführung der Software seitens des Unternehmens und ist die zentrale Anlaufstelle für Prozesse und Prozessqualität	Intern / Aktiv	Erhofft sich durch die Einführung der Software eine verbesserte Prozesslandschaft, die die Prozesse in Modellen visuell gut darstellt und verknüpft.
Interne Revision	Prüft und überwacht interne Arbeitsprozesse	Intern / Passiv	Ist bei der direkten Projektdurchführung nicht mit dabei, hat aber ein großes Interesse an einer übersichtlichen Prozessdarstellung bei Revisions-Durchführung.
Prozessmodellierer	Notation von Prozessen mittels grafischer Werkzeuge	Intern / Aktiv	Ist interessiert an einer einfachen Modellierungsmöglichkeit und einer nutzerfreundlichen Oberfläche in der Prozessmanagementsoftware.
Geschäftsführung	Verantwortet den langfristigen Geschäftserfolg	Intern / Aktiv	Ist durch die Einführung der Software an der Verbesserung der Unternehmensleistung z. B. durch Prozessoptimierungen interessiert.
Prozessumsetzende Mitarbeiter	Arbeiten in den operativen Prozessen	Intern / Aktiv	Ist an einer übersichtlichen Darstellung der betreffenden Geschäftsprozessen bzw. zu Schnittstellenprozessen interessiert.
Norm (z. B. ISO9001)	Stellt Anforderungen an eine Zertifizierung	Extern / Passiv	Die Software kann als Grundlage für eine Dokumentation der für eine Norm geforderten Prozesse genutzt werden.
Anbieter / Entwickler Prozessmanagement -software	Experte für die Software, Begleitet die Entwicklung und Implementierung	Extern / Aktiv	Möchte seine Software gewinnbringend verkaufen und sollte an der Kundenzufriedenheit interessiert sein. Möchte die Anforderungen des Unternehmens im Projekt erfüllen.
Lieferanten Material/DL	Beliefert den Betrieb mit Material und Dienstleistungen für den Herstellungsprozess	Extern / Passiv	Ist an einer reibungslosen und schnellen Bearbeitung, der betreffenden Prozesse interessiert. Wie die Prozesse unternehmensintern dokumentiert oder gelebt werden interessiert ihn nicht.
Kunden Fertigwaren	Käufer der Waren am Markt, Generiert Haupteinnahmen für das Unternehmen	Extern / Passiv	Ist an einer reibungslosen und schnellen Bearbeitung, der betreffenden Prozesse interessiert. Wie die Prozesse unternehmensintern dokumentiert oder gelebt werden interessiert ihn nicht.
Finanz/Controlling	Ist für alle Finanzvorgänge im Unternehmen (auch in den Projekten) zuständig	Intern / Erst Aktiv, dann Passiv	Vor allem in der Verhandlungsphase des Projekts involviert und an einer wirtschaftlich sinnvollen Investition interessiert.

Abbildung 1: Eigene Darstellung

---

[6] Vgl. Krips, 2017, S. 14f.

Bei der Formulierung von Zielen, insbesondere von Projektzielen, hat sich die SMART-Methode bewährt. Die Buchstaben SMART stehen hierbei für:

- **Spezifisch:** Die Formulierung des Ziel ist präzise, klar und widerspruchsfrei.
- **Messbar:** Die Überprüfbarkeit des Ziels ist gewährleistet.
- **Attraktiv:** Das Ziel ist positiv formuliert und anspruchsvoll.
- **Realistisch:** Das Ziel ist mit gegebenen Ressourcen und Rahmen erreichbar.
- **Terminiert:** Das Erreichen des Ziels ist terminiert.[7]

An dieser Stelle werden denkbare Ziele für zwei der oben identifizierten Stakeholder für die Fallstudie unter den aufgezeigten SMART-Bedingungen dargestellt. Als Basis dienen die Stakeholder-Interessen aus der letzten Spalte in Abbildung 1:

- **Prozessmodellierer:** Die Modellierung der Prozesse in der Software soll über die BPMN Notation erfolgen – Es sollen daher alle Basic und Extended BPMN Modeling Elements[8] in der Software für die Modellierung nutzbar sein. Weiterhin soll es für den Gesamtüberblick eine Möglichkeit geben Prozesslandkarten zu erstellen. Die Benutzeroberfläche soll gemeinsam mit möglichen Modellierern abgestimmt werden, um die Nutzerfreundlichkeit zu gewährleisten. Der „Go-Live" für die Software soll im Hinblick auf die nächsten Revisionstermine spätestens Ende 2022 sein.

- **Geschäftsführung:** Die Prozess-Performance soll sich durch Prozessoptimierung im Mittel, gemessen über festgelegte KPI, über alle mit der neuen Software formulierten Prozesse um 10% verbessern. – Diese Verbesserung soll ab Q2/2023 eintreten. Die ersten positiven Kosten-Nutzen Effekte, die sich eindeutig auf die Einführung der neuen Software zurückführen lassen, sollen sich ab dem Jahr 2024 messen lassen. Der gesamte Einführungsprozess darf nicht mehr als 1,2 Mio. € kosten. In den Folgejahren stehen 0,2 Mio. € für die Betreuung und Verbesserung der Software bereit.

---

[7] Vgl. Alam und Gühl, 2016, S. 62.
[8] Siehe Table 7.1 und 7.2 aus [6].

4 Erhebung, Formulierung und Klassifizierung von Requirements

In diesem Kapitel stehen die Anforderungserhebung, die korrekte Formulierung mithilfe von Sprachschablonen sowie die Möglichkeiten für eine Klassifizierung nach Kano im Mittelpunkt. Hierfür werden in den ersten drei Abschnitten theoretische Ansätze aus der Literatur vorgestellt, um diese dann im Abschnitt 4.4 für insgesamt fünf denkbare Requirements im Projekt der Fallstudie anzuwenden.

4.1 Erhebungsmethoden für Requirements

Der Ursprung von Requirements kann in verschiedenen Quellen liegen. Eine denkbare Quelle ist ein Altsystem, welches durch ein neues System ersetzt werden soll. So können Anforderungen durch die Analyse des bestehenden Systems entstehen. Dabei wird eine kritische Betrachtung empfohlen, um aus bestehenden Funktionen und Schnittstellen zu lernen und Ableitungen für die neue Spezifikation zu gewinnen. Weiterhin kann die Lösungsdokumentation des Altsystems eine Anforderungsquelle darstellen. Da die Beschreibungen allerdings nicht mehr zeitgemäß sein könnten, besteht die Gefahr unangemessene Requirements mit aufzunehmen. Die bedeutendste Quelle für Anforderungen sind zumeist die Stakeholder im Entwicklungsprojekt, auf die im dritten Kapitel ausführlich eingegangen wurde.[9]

Um die Anforderungen der Stakeholder im Projektkontext zu identifizieren gibt es verschiedene Ansätze. Es können Befragungstechniken angewendet werden, die methodisch durch Interviews oder Fragebögen unterstützt werden können. Dabei ist zu beachten, dass im Interview ein direktes Feedback bzw. bei der Abfrage mittels Fragebögen ein indirektes Feedback entsteht.

Im Rahmen von Kreativtechniken werden Methoden, wie das Brainstorming eingesetzt oder ein Perspektivenwechsel der Teilnehmer angeregt. Durch die freie Gestaltung bzw. die Betrachtung aus verschiedenen Sichtweisen können Visionen und kreative Ideen im Hinblick auf die Funktionalitäten des zu entwickelnden Produkts oder Prozess gesammelt werden. Eine bekannte Kreativtechnik ist z. B. das Walt-Disney-Modell in dem die Sichten eines Visionärs, eines Träumers und eines Kritikers eingenommen werden.

---

[9] Vgl. Niebisch, 2013, S. 72.

Eine andere Art Anforderungen zu ermitteln stellt das Durchlaufen von Vorgängen bzw. Nutzungsszenarien anhand eines Prototyps oder die Simulation eines Modells dar. Die Stakeholder können sich durch diese Methoden sehr gut in die Rolle der Anwender versetzen und dadurch Requirements für die Produkt-/Prozesspraxis ableiten.

In eine ähnliche Richtung gehen die Beobachtungstechniken bei der Aufnahme von Requirements. Hierbei werden Nutzer beim Gebrauch eines Produkts oder der Ausführung von Prozessen durch den Requirements Engineer beobachtet. Im Rahmen des Apprenticing ist es auch möglich, dass der Requirements Engineer bei den Produktnutzern in die Lehre geht und selbst in die Rolle des Nutzers schlüpft.[10]

Die oben beschrieben Ansätze um Anforderungen zu ermitteln sind nur ein kurzer Einblick in die Möglichkeiten, die dem Requirement Engineer zur Verfügung stehen. Es stehen zahlreiche weitere Methoden bei der Anforderungsermittlung zur Verfügung, die an dieser Stelle nicht weiter ausgeführt werden.

4.2 Formulierungen mittels Sprachschablone

Bei der Notation der Anforderungen in einer Projektspezifikation sind verschiedene Formen denkbar und möglich. Modelle oder Use Case-Diagramme können einen Sachverhalt grafisch darstellen, allerdings ist die meist verbreitete Form von Anforderungen die textuelle Formulierung in natürlicher Sprache. In der Literatur von Chris Rupp & die SOPHISTen wird hierzu ein schablonisierter Ansatz vorgeschlagen. Dieser soll eine hohe Qualität und eine einheitliche Formalität der Spezifikation gewährleisten, sowie dabei helfen den Kosten- und Zeitrahmen einzuhalten und das Verständnis verschiedener Stakeholder anzugleichen. Weiterhin können durch die Vorgaben vorab Formulierungsfehler, wie z. B. die Verwendung des Passivs bei der Dokumentation eines Requirements, minimiert werden. Diese Form von Schablonen werden als syntaktische Anforderungsschablonen bezeichnet, denn die Struktur ist vorgegeben – jedoch nicht die Semantik. Sprachschablonen existieren für funktionale und nicht-funktionale Requirements, sowie für Randbedingungen.[11]

---

[10] Vgl. Grande, 2014, S. 48ff.
[11] Vgl. Rupp, 2014, S. 216ff.

Um den Umfang dieser Arbeit nicht zu sprengen, wird an dieser Stelle die Vorgehensweise der Sprachschablone für funktionale Anforderungen mit und ohne Bedingung vorgestellt. In der Abbildung 2 ist der Zusammenhang einer schablonisierten Darstellung ohne Vorbedingung dargestellt. Die Erweiterung hin zu einer funktionalen Anforderung mit Bedingung wird weiter unten textuell beschrieben.

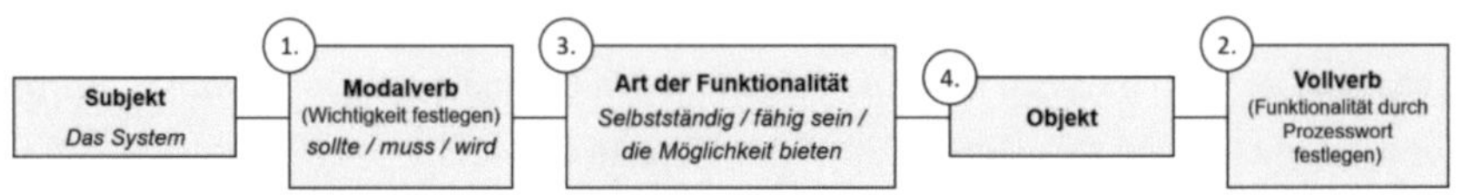

Abbildung 2: Eigene Darstellung[12]

Das System steht als Subjekt bei jeder Anforderung im Fokus. Nun wird im ersten Schritt die Wichtigkeit der Anforderung eingeordnet. Diese kann wie oben dargestellt mit Modalverben wie z. B den Worten „sollte" oder „muss" ausgedrückt werden. Im zweiten Schritt wird die Funktionalität der Anforderung, auch als Prozess bezeichnet, betrachtet. Diese wird durch Vollverben charakterisiert (z. B. speichern, schließen, etc.) und beschreibt somit die Tätigkeit oder den Vorgang im Prozess. Der dritte Schritt ist durch die Beschreibung der Art der Funktionalität eng mit dem Prozesswort aus dem zweiten Schritt verzahnt. Sie beschreibt die Systemaktivität, die durch drei Arten charakterisiert sein kann. Das System kann die Aktivität selbstständig ausführen (Selbstständige Systemaktivität), stellt dem Anwender eine Interaktionsmöglichkeit zur Verfügung (Benutzerinteraktion) oder das System führt eine Aktivität in Abhängigkeit zu einem Dritten, z. B. einem Fremdsystem, aus (Schnittstellenanforderung). Im vierten Formulierungsschritt der funktionalen Anforderung wird das Objekt erfasst, für welches die Funktionalität gefordert wird. Eine Erweiterung der oben beschriebenen Schablone ist durch einen fünften Schritt möglich. In diesem Fall wird der Anforderung noch eine Bedingung hinzugefügt, diese gibt an unter welchen Voraussetzungen die Funktionalität ausgeführt wird. In der Satzstellung der Schablone würde die Bedingung an der ersten Stelle positioniert werden, gleichzeitig rückt das Modalverb vor das Subjekt („Das System").[13]

---

[12] Vgl. Rupp, 2014, S. 220.
[13] Vgl. Rupp, 2014, S. 220ff.

4.3 Klassifizierung nach Kano

Wie bereits oben beschrieben werden die fundamentalen Anforderungen an ein Produkt oder Prozess in einem Entwicklungsprojekt durch Stakeholder gestellt. Eine gängige Vorgehensweise, um die Anforderungen in Zufriedenheitskategorien einzuteilen ist das Kano-Modell von Dr. Noriaki Kano. Dabei werden die Anforderungen in Basis-, Leistungs- und Begeisterungsfaktoren eingeordnet.

Basisfaktoren sind demnach Requirements, die für den Kunden oder Anwender als selbstverständlich gelten. Ein allzu großes Augenmerk liegt nicht auf den Basisfaktoren, wenn diese aber nicht erfüllt sind führt das zu einer großen Unzufriedenheit beim Anwender.

Requirements, die ein Kunde oder Nutzer explizit fordert werden als Leistungsanforderungen bezeichnet. Wenn diese nicht umgesetzt werden, so führt dies beim Anforderer zu Unzufriedenheit. Werden Leistungsfaktoren umgesetzt, so entsteht Zufriedenheit.

Um Enthusiasmus bei den Stakeholdern auszulösen sind Begeisterungsfaktoren notwendig. Hierbei handelt es sich um Anforderungen, die nicht explizit gefordert wurden, aber die Wahrnehmung und den Wert des Produkts beim Kunden deutlich ansteigen lassen. Begeisterungsfaktoren können dem Produkt Alleinstellungsmerkmale einbringen und sich dadurch vorteilhaft gegenüber dem Wettbewerb auswirken.[14]

4.4 Erhebung der Anforderungen in der Fallstudie

In diesem Abschnitt werden fünf funktionale Requirements formuliert, die an eine Prozessmanagement-Software im Rahmen der oben beschriebenen Fallstudie gestellt werden könnten. Hierfür wird die in Kapitel 4.2 beschriebene Schablone verwendet. Zu jeder Anforderung wird diskutiert, welche Klassifizierung nach Kano vorgenommen und durch welche Methode der Erhebungsprozess unterstützt worden sein könnte.

1. „Das System muss dem Prozessmodellierer die Möglichkeit bieten alle Basic und Extended BPMN Modeling Elements aus BPMN Version 2.0[15] bei der Modellierung von Prozessdiagrammen verwenden zu können."

   - Denkbare Methoden, die zu dieser Anforderung geführt haben könnten

---

[14] Vgl. Grande, 2014, S. 51f.
[15] Siehe Table 7.1 und 7.2 aus [6].

sind das Interview oder auch Kreativmethoden, wie Brainstorming oder Mind-Mapping.

- Die Anforderung lässt sich zu den Leistungsfaktoren zuordnen. Wenn man allerdings davon ausgeht, dass die Notationsmethode als Grundlage für die Software von den relevanten Stakeholdern gesehen wird, ist auch eine Zuordnung zu den Basisfaktoren möglich.

2. „Wenn ein „Exportieren-Button" durch den Anwender betätigt wird, muss das System das Prozessmodell als PDF-Datei erzeugen können."

   - Dieses Requirement könnte zum Beispiel in der Analyse von Bestands-systemen erhoben worden sein, bei denen diese Funktion nicht vorhan-den war. Denkbar ist, dass es für bisherige Anwender von Prozessmodel-lierungssoftware hilfreich gewesen wäre PDF-Dateien eines Prozessmo-dells zu speichern oder die erzeugten PDF-Dateien drucken zu können.
   - Die Einordnung nach Kano in die Leistungskategorie ist denkbar. Vor al-lem dann, wenn die Funktionalität in Verbesserungsanalysen von Nutzern explizit genannt wurde.

3. „Das System muss eine automatisierte Speichermöglichkeit der Änderungsdoku-mentation (Person, Änderungszeitpunkt) für ein Prozessmodell bieten."

   - Auch hier ist es möglich, dass diese Anforderung bei der Analyse von Be-standssystemen entstanden ist. Vielleicht gab es Fälle, in denen Änderun-gen an den Prozessmodellen vorgenommen wurden, ohne zu wissen durch wen und wann. Die Anforderung könnte allerdings auch in einem In-terview mit z. B. einem Prozessmodellierer ermittelt worden sein.
   - Eine Kategorisierung zu den Leistungsfaktoren wäre hier eine nahelie-gende Einordnung.

4. „Das System kann die Möglichkeit bieten über eine Applikation auf den Smart-phones der Mitarbeiter die Inhalte der Software einzusehen."

   - Dieses Requirement könnte in einer Kreativmethode als eine neue Idee erhoben worden sein. Auch möglich, dass der Requirements Engineer „in die Lehre" gegangen ist und hat gesehen, dass eine Einsicht in Prozess-modelle über mobile Endgeräte in der täglichen Nutzung einer Bestands-software für die Nutzer sinnvoll wäre.

- Die Einordnung zu den Begeisterungsfaktoren wäre an dieser Stelle vor-stellbar. Die Funktion wurde vielleicht nicht explizit gefordert, könnte aber ein Alleinstellungsmerkmal der Software gegenüber anderen Anbietern ähnlicher Programme sein.

5. „Das System (die Software) muss die Möglichkeit bieten mit allen Funktionalitä-ten über das Betriebssystem Windows 10 nutzbar zu sein."

- Die Anforderung könnte in einem Interview erhoben worden sein, in dem die generellen Rahmenbedingungen abgefragt wurden. – Es wäre mög-lich, dass alle Computer der Mitarbeiter mit dem oben genannten Be-triebssystem ausgestattet sind.
- Die Einordnung in die Basis-Kategorie ist für dieses Requirement sinnvoll, da bei einer Nicht-Funktionalität eine Nutzung der Software ausgeschlos-sen wäre.

5 Zusammenfassung und Ausblick

In diesem Assignment wurden in den ersten beiden Kapiteln die Fallstudie vorgestellt und in das Thema Requirements Engineering bzw. Requirements Management einge-leitet. Im dritten Kapitel stand das Thema Stakeholder-Analyse und die Formulierung von Projektzielen der Stakeholder nach SMART-Kriterien aus den Projektinteressen heraus im Fokus. Im weiteren Verlauf wurden im vierten Kapitel auf die verschiedenen Erhebungsmethoden im Requirements Engineering hingewiesen und die Hilfestellungen beim Verfassen und Klassifizieren von Anforderungen betrachtet. Hieraus sind fünf Re-quirements für die Fallstudie entstanden, die jeweils auf die möglichen Erhebungsme-thoden und Kategorisierung nach Kano hin analysiert wurden.

In der heutigen Zeit nimmt die Komplexität und Größe der Projekte tendenziell zu, daher ist eine gute Strukturierung im Projekt und ein Verständnis der Wünsche aller relevan-ten Stakeholder immens wichtig. Anforderungsmanagement ist daher in den meisten Fällen ein sehr wichtiger Baustein bei der erfolgreichen Gestaltung von Projekten. Die

Tätigkeiten im Requirements Engineering bzw. Management bieten neben der Erfassung, Aufbereitung, oder Verwaltung von Anforderungen viele weitere Unterstützungsleistungen. Eine gute ausgearbeitete Spezifikation gibt dem gesamten Projekt eine Basis, kann die Entwickler bei der Abfolge der Entwicklungsleistungen unterstützen oder auch die Gefahr, dass etwas falsches ausgeliefert wird minimieren.

Die Klarheit über die Stakeholder und deren Ansprüche am Anfang eines Projekt bringt eine gute Basis, um erfolgreiche Interaktion über die gesamte Projektlaufzeit zu organisieren und dadurch die Zufriedenheit aller Anspruchsgruppen zu verbessern. Die Erhebungsmethoden sind für den Requirements Engineer besonders vielfältig. Hier ist eine projekt- und stakeholderspezifische Auswahl der geeigneten Methoden zu empfehlen, um hier mit dem richtigen Fingerspitzengefühl die Anforderungen zusammenzutragen.

Die Anwendung einer vereinheitlichten Syntax bei der ersten Notation einer Anforderung gibt dem gesamten Spezifikationsdokument von Beginn an eine optimierende Struktur und kann in späteren Phasen zusätzliche Arbeitslast ersparen. Besonders bei einer großen und unübersichtlichen Anzahl von Requirements kann eine Klassifizierung die Übersicht über die Priorität bei der Gestaltung des Systems unterstützen. Hier muss allerdings analysiert werden, ob die Klassifizierung im Verständnis der Projektmitgliedern nicht zu weit auseinander geht.

Aus Sicht des Autors bietet die Anwendung der aus der Literatur vorgeschlagenen Aktivitäten aus dem Requirements Engineering Unternehmen eine große Chance unter dem Strich Projektkosten einzusparen. Besonders die Gefahr etwas falsches am Ende eines Projekts auszuliefern kann miserable Auswirkungen auf Folgebeauftragungen haben. Der Abgleich mit Anforderern oder Kunden wird bei agilen Vorgehensmethoden, wie beispielsweise Scrum, iterativ in kurzen Abständen durchgeführt. Da diese Vorgehensweisen mittlerweile nicht nur im Rahmen von Softwareprojekten im Trend liegen, wird die genannte Gefahr unterstrichen. Abschließend kann festgehalten werden, dass ein Einsatz des Requirements Engineering vor allem für mittelgroße und große Projekte sehr sinnvoll ist und sich am Projektende meist auszahlt.

Literaturverzeichnis

[1] Alam, Daud; Gühl, Uwe:
Projektmanagement für die Praxis - Ein Leitfaden und Werkzeugkasten für erfolgreiche
Projekte, Heidelberg, 2016.

[2] Grande, Marcus:
100 Minuten für Anforderungsmanagement - Kompaktes Wissen nicht nur für Projektlei-
ter und Entwickler, 2., aktualisierte Auflage, Wiesbaden, 2014.

[3] Herrmann, Andrea; Knauss, Erik:
Requirements Engineering und Projektmanagement, Hrsg. Rüdiger Weißbach, Heidelberg, 2013.

[4] Krips, David:
Stakeholdermanagement – Kurzanleitung Heft 5, Hrsg. Walter Volkmann, 2., neu bear-
beitete Auflage, Berlin, 2017.

[5] Niebisch, Thomas:
Anforderungsmanagement in sieben Tagen – Der Weg vom Wunsch zur Konzeption,
Heidelberg, 2013.

[6] Object Management Group, Inc. (OMG):
Business Process Model and Notation (BPMN), Version 2.0, Needham (U.S.A.), 2010,
https://www.omg.org/spec/BPMN/2.0/PDF, abgerufen am 27.10.2021.

[7] Rupp, Chris & die SOPHISTen:
Requirements-Engineering und –management - Aus der Praxis von klassisch bis agil, 6.
aktualisierte und erweiterte Auflage, Nürnberg, 2014.